EMBRYOGÉNIE

COMPARÉE.

COURS

SUR LE

DÉVELOPPEMENT DE L'HOMME

ET DES ANIMAUX,

FAIT AU MUSÉUM D'HISTOIRE NATURELLE DE PARIS,

PAR

M. COSTE,

ET PUBLIÉ SOUS LES YEUX DU PROFESSEUR PAR LES SOINS DE

MM. Z. GERBE ET V. MEUNIER.

ATLAS DU PREMIER VOLUME,

COMPOSÉ DE 10 PLANCHES DESSINÉES D'APRÈS NATURE,

PAR M. A. CHAZAL.

Paris,

AMABLE COSTES, ÉDITEUR, 13, RUE DE L'UNIVERSITÉ.

1837.

EMBRYOGÉNIE

COMPARÉE.

EMBRYOGÉNIE
COMPARÉE.

COURS

SUR LE

DÉVELOPPEMENT DE L'HOMME
ET DES ANIMAUX,

FAIT AU MUSÉUM D'HISTOIRE NATURELLE DE PARIS,

PAR

M. COSTE,

ET PUBLIÉ SOUS LES YEUX DU PROFESSEUR PAR LES SOINS DE

MM. Z. GERBE ET V. MEUNIER.

ATLAS DU PREMIER VOLUME,

COMPOSÉ DE 10 PLANCHES DESSINÉES D'APRÈS NATURE,

PAR M. A. CHAZAL.

Paris,

AMABLE COSTES, ÉDITEUR, 13, RUE DE L'UNIVERSITÉ.

1837.

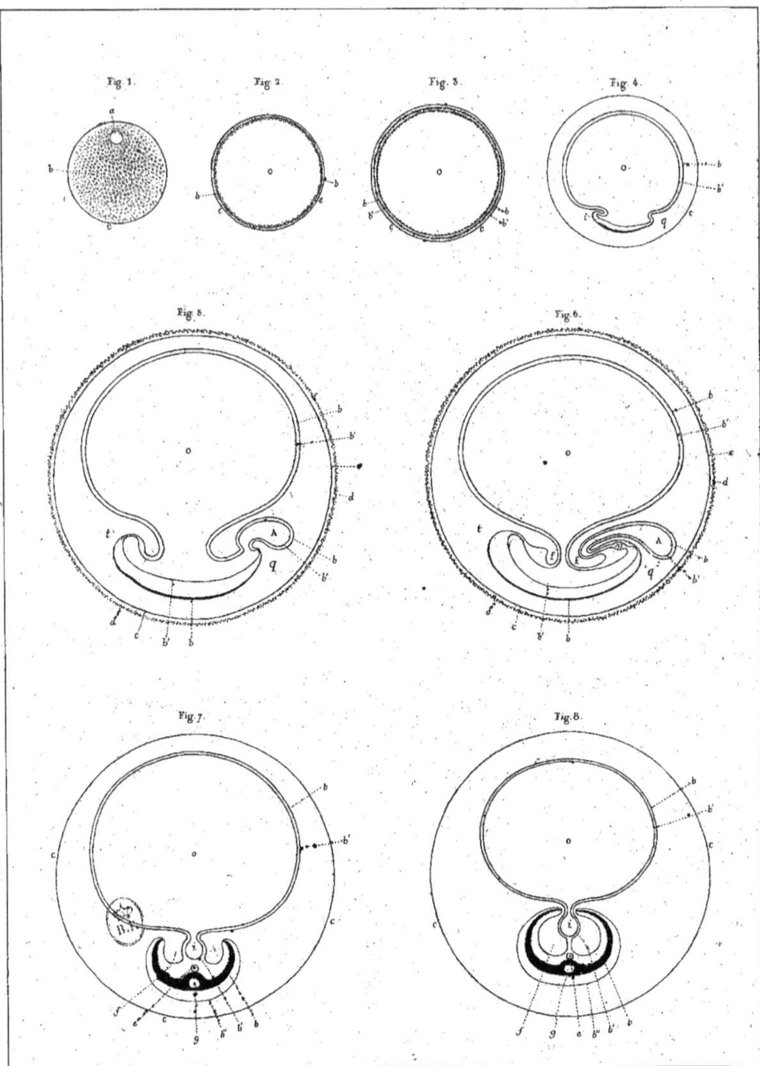

A. Chazal del.

Imp. de Lemercier Paris.

EXPLICATION DE LA PLANCHE I^{RE}

FIGURES THÉORIQUES.

Figure 1. — OEuf dans l'ovaire avant la conception, composé d'une membrane externe (*c*) ou vitelline (qui deviendra le chorion des auteurs quand l'œuf aura passé dans l'utérus); d'une masse granuleuse (*b*) contenue dans cette membrane ou vitellus, et d'une vésicule particulière (*a*), que l'on connaît, dans l'œuf des oiseaux, sous le nom de *vésicule de Purkinje*.

Fig. 2. — OEuf après la conception, présentant deux vésicules emboîtées. L'une (*c*) externe, est constituée par la membrane vitelline (chorion), et l'autre (*b*), accolée à celle-ci, et résultant de l'agrégation des globules du vitellus, mêlés au détritus de l'analogue de la vésicule de Purkinje, qui s'est dissoute, est celle que nous avons nommée *vésicule blastodermique*.

Fig. 3. — Même œuf montrant les deux couches principales de la vésicule blastodermique; couches que nous avons distinguées en externe (*b*) et en interne (*b'*) : elles sont en contact avec la membrane vitelline (*c*).

Fig. 4. — La vésicule blastodermique, représentée avec ses deux couches principales (*bb'*), a subi ici, par l'effet du développement, un étranglement qui la convertit en deux lobes inégaux : le plus grand (*o*) est la vésicule ombilicale, et le plus petit réalisera l'embryon. Sur ce dernier l'on voit déjà le côté correspondant à la tête (*t*), et celui qui sera la queue (*q*). La vitelline ou chorion (*c*), est par-dessus toutes ces parties.

Nota. Dans le plus petit lobe, les deux couches principales du blastoderme commencent à prendre une disposition qui indique déjà comment l'une (*b*) va devenir l'enveloppe de l'animal ou le périère, et l'autre (*b'*) le canal intestinal ou l'endère.

Fig. 5. Coupe d'un œuf plus avancé, offrant à considérer maintenant trois lobes au lieu de deux. Le premier (*o*) représente la vésicule ombilicale; le deuxième, avec lequel cette vésicule est en rapport par un large pédicule, est l'embryon; et le troisième (A) est l'allantoïde à sa naissance. Cette dernière communique, par sa couche interne (*b'*), avec l'intestin qui commence à bien se caractériser, et qui est étendu de la tête (*t*) à la queue (*q*), et par sa couche externe (*b*), avec la peau de l'embryon vers le symphyse du pubis.

A cette époque, l'œuf a acquis une nouvelle membrane (*d*) (adventive ou caduque des auteurs), exhalée sur toute la surface de la vitelline (*e*).

Nota. Il est aisé de voir, d'après cette figure, que la couche externe (*b*), prise sur le lobe embryonnaire, dont il forme l'enveloppe extérieure ou la peau, et dont il limite tous les contours, passe sur l'allantoïde, se rend au pédicule de la vésicule ombilicale, et devient feuillet externe de cette même vésicule. On voit aussi que la couche interne (*b'*) qui accompagne partout la couche externe, se convertit, dans le lobe embryonnaire, en intestin.

Fig. 6. — Même coupe que la précédente, mais figurant un développement encore plus avancé, et dès-lors, signalant des phénomènes plus compliqués. Les mêmes lettres sont affectées aux mêmes parties : (*d*) à la membrane adventive, (*c*) à la membrane vitelline, (*o*) à la vésicule ombilicale, (*a*) à l'allantoïde, (*bb'*) aux deux couches principales du blastoderme. Mais ici, l'on peut voir que le pédicule de l'allantoïde a subi des modifications notables. Son pédicule s'est considérablement allongé, et a été ramené du côté de la tête (*t*) par le seul fait du rétrécissement de l'ouverture ombilicale. En outre, en prenant sa couche externe (*b*) au point qui correspond à son sommet, et en la suivant, on voit qu'elle se rend d'un côté dans la cavité abdominale (*f*) où elle vient former le péritoine, passer sur l'intestin, et remonter sur la vésicule ombilicale (*o*) dont elle constitue aussi la couche externe, et de l'autre on l'accompagne jusqu'au point où elle se continue avec les parois abdominales, et par conséquent aussi avec la symphyse du pubis. Quant à sa couche interne (*b'*), elle présente, vers son point de communication avec l'intestin qui est presque déjà complet, un renflement (*v*) qui est la vessie future.

Fig. 7. — Coupe d'un œuf, faite dans le sens du diamètre transversal de l'embryon, pour indiquer comment la couche périérique (*b*), après s'être recourbée en avant et sur les côtés, pour se convertir, dans la cavité abdominale (*ff*), en péritoine, remonte sur la vésicule ombilicale (*o*), dont elle forme le feuillet externe après avoir embrassé l'intestin (*i*) qui résulte, lui, comme nous l'avons établi, de la couche interne (*b'*) de la vésicule blastodermique.

Cette figure indique en outre le point (*g*) où s'infiltrera, dans la couche périérique (*b*) déjà épaissie, le système osseux qui doit protéger l'axe cérébro-spinal, et celui qu'occupera l'aorte (*e*). L'amnios (*b''*), que nous considérons comme un épiderme général de tout le blastoderme, se montre détaché de la surface de la couche périérique, seulement jusqu'au pourtour de l'ouverture ombilicale, c'est-à-dire jusqu'à la limite de la peau proprement dite et du péritoine; dans tout le reste, il est confondu.

Nota. L'aorte (*e*) représente ici la position du système vasculaire, intermédiaire aux deux couches principales dont le blastoderme se compose.

Fig. 8. — Coupe analogue à celle qui précède, dans laquelle l'étranglement du pédicule de la vésicule ombilicale (*o*) commence à se faire par l'effet de la convergence vers ce pédicule, de tous les points du pourtour ombilical. Ici ce pourtour est figuré par les deux lames qui représentent les parois latérales de l'abdomen, et qui se recourbent sur la ligne médiane. La cavité péritonéale (*f*) est presque complète, et les feuillets péritonéaux (*b*), qui ne sont que la continuation de la couche périérique (*b*), tendent à s'adosser : ils embrassent plus étroitement l'intestin (*i*), et laissent au-dessous d'eux l'aorte (*e*) qui repose sur ce qui sera la colonne vertébrale (*g*).

L'adossement des feuillets péritonéaux constituent le mésentère, et se trouvent représenter l'état adulte.

Nota. Dans toutes ces figures, les couches ou les feuillets qu'on distingue, n'ont été ainsi isolés les uns des autres, qu'afin d'en faciliter l'intelligence. Ils sont d'ordinaire dans l'œuf, ou adossés de manière à ne pas laisser d'espace entre eux, ou étroitement unis. L'amnios (*b''*) seul est plus ou moins isolé.

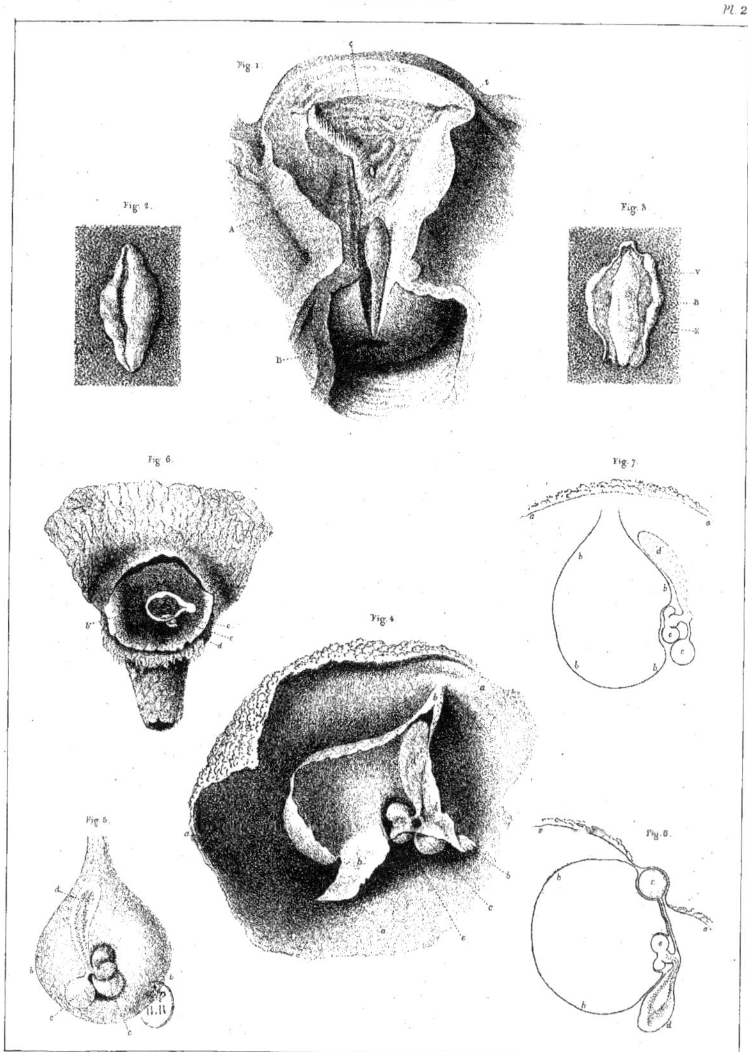

A. Chazal del.

Imp. de Lemercier, Paris.

EXPLICATION DE LA PLANCHE II.

OVOLOGIE HUMAINE.

Figure 1. — Empruntée à Everard Home (*Philos. transac.* 1817, pl. 8, p. 260). Elle représente une matrice incisée par sa partie antérieure et dans toute son étendue, de manière à mettre à nu sa cavité. Au milieu d'une matière albumineuse ondulée (caduque ou adventive) (*c*), qui remplit sa cavité en s'étendant du haut de son col, incisé, lui aussi, jusqu'au museau de tanche (B), aux orifices des trompes (*t*), on voit un petit corps (A) de forme irrégulièrement ovoïde.

C'est ce petit corps que nous avons dit et démontré être un œuf.

Fig. 2. — Cet œuf, considérablement grossi, sur lequel il n'y a d'apparent que la membrane vitelline. (*Philos. transac.* pl. II, f. 1").

Fig. 3. — Même œuf étalé et offrant une membrane vitelline (V), une membrane blastodermique (B), et une tache embryonnaire (E) bien caractérisées. (*Phil. trans.* pl. 2, f. 1''').

Nota. M. Velpeau n'a pas cru nécessaire d'emprunter à E. Home cette troisième figure, probablement parce qu'elle est moins *insignifiante* que celles qu'il a choisies, et probablement aussi parce qu'il n'a pas compris qu'un pareil fait pourrait être de *quelque valeur en embryogénie*. Ce sont là sans doute les principaux motifs qui ont fait rejeter précisément la seule figure sans laquelle les autres ne sont rien, et sans laquelle on peut être autorisé à dire que réellement ce que E. Home et Bauer ont décrit comme une ovule de huit jours, n'est rien qu'un corps très insignifiant. Pour nous, nous sommes bien porté à le considérer comme un œuf, et nous avons discuté les motifs qui nous faisaient adopter cette opinion. (*Ovologie humaine*, p. 203 et suiv.)

Fig. 4. — Empruntée à Pockels (*Isis*, 1825, Heft. 12, Taf. 12, f. 5), et disposée de manière à laisser voir la face interne et une partie de la face externe de la membrane vitelline (*chorion*) (*a*); l'amnios (*b*), déchiré comme la membrane dans laquelle il est contenu, vu, comme elle, surtout par sa face interne, et au-dessous de cet amnios la vésicule ombilicale (*c*), et la vésicule érythroïde (*allantoïde*) (*d*), se rendant par un pédicule unique qui sera le cordon ombilical, dans le ventre ouvert de l'embryon (*e*), placé, lui aussi, au-dessous de la pellicule amniotique, mais mis à découvert dans une portion de son extrémité céphalique : cet œuf est grossi cinq fois.

Nota. Bien que Pockels ne s'explique pas au sujet de l'ouverture ombilicale des embryons qu'il a fait dessiner, cependant nous croyons que sur ses figures mêmes, cette ouverture existe, comme il est aisé de s'en convaincre en jetant un coup-d'œil sur celles que nous reproduisons (f. 4 et 5). Il est vrai que, d'après le sentiment de M. Velpeau qui a eu des produits du même âge, produits qu'il a étudiés à l'œil nu, Pockels aurait *pris une anomalie pour la règle, en supposant que le peintre ou les instrumens d'optique ne l'aient point trompé*. Mais notre opinion diffère beaucoup en cela de celle de M. Velpeau; nous croyons (*et peut-être oserions-nous l'affirmer*), qu'il est moins facile d'apercevoir tous les détails d'un corps qui n'a qu'une longueur de deux lignes au plus, à la vue simple, qu'alors qu'on arme l'œil d'un instrument grossissant, et que, par conséquent, les chances d'erreurs seront d'autant plus nombreuses, qu'on aura négligé davantage d'employer ce dernier moyen d'investigation. Pockels aurait donc, selon nous, fait exécuter ses dessins avec toutes les conditions nécessaires pour ne laisser échapper aucun détail, et ses figures seraient bien l'expression de l'embryon à l'état sain, puisqu'elles offrent les mêmes faits que les autres mammifères à une époque correspondante de leur développement.

Fig. 5. — Embryon (*e*) adossé, d'après l'opinion de Pockels, sur son amnios (*b*), et présentant toujours du côté de la tête la vésicule ombilicale (*c*), et du côté de la queue la vésicule érythroïde (allantoïde) (*d*), dans laquelle l'on remarque des traînées de globules que nous croyons être le système sanguin en voie de formation. (*Isis*, Taf. XII, f. 6.)

Nota. Même grossissement à peu près que le précédent.

Fig. 6. — OEuf de grandeur naturelle, assez mal exécuté, donné sans doute par Pockels comme moyen théorique propre à démontrer les dispositions de l'embryon (*e*), de la vésicule ombilicale (*c*), de la vésicule érythroïde (allantoïde) (*d*), de l'amnios (*b*), et les rapports de toutes ces parties entre elles et entre la membrane vitelline (chorion), dans lesquelles elles sont contenues, et au-dessus de laquelle existe la membrane adventive (caduque). (*Isis*, Taf. XIII, f. 2.)

Fig. 7. — Coupe théorique par laquelle Pockels a voulu faire concevoir comment, selon lui, s'établissaient les rapports de l'embryon (*e*) avec l'amnios (*b*). L'embryon commence à déprimer cette membrane. La vésicule ombilicale (*c*), et la vésicule érythroïde (allantoïde) (*d*), toute parsemée de globules disséminés, globules dont nous avons donné la signification, communiquent à un pédicule unique qui est en continuité avec le fœtus. Le chorion (*a*) est représenté dans une courte portion de son étendu. (*Isis*, Taf. XIV, f. 1.)

Nota. Nous avons insisté longuement aux pages 167, etc., et 282, sur la manière dont nous concevons l'amnios; nous avons assez réfuté l'opinion de Pockels à ce sujet.

Fig. 8. — Coupe théorique à peu près analogue à la précédente, dans laquelle seulement l'embryon (*e*) est entièrement appliqué, et l'on dirait même confondu par sa face dorsale avec son amnios (*b*), et dans laquelle aussi les globules de la vésicule érythroïde (allantoïde) (*d*) groupés, forment deux traînées qui se rendent vers l'embryon. La vésicule ombilicale (*c*) se trouve comprise entre la vitelline (chorion) (*a*) et l'amnios (*b*).

Nota. L'embryogénie renferme tant de choses indigestes, qu'on a bien pu croire que le travail d'E. Home et celui de Pockels sont de ce genre, et peuvent être considérés comme *ce qui a été publié de plus malheureux depuis un demi-siècle*. Quant à nous, si nous nous montrons d'un avis contraire en empruntant, non seulement les figures de ces savans, mais encore leurs observations, c'est que nous croyons qu'il n'y a eu de malheureux et de nuisible pour l'embryogénie, que l'obstination qu'on a mise jusqu'à ce jour à ne pas vouloir reconnaître les faits qui ont été consignés, dans les écrits de ces deux investigateurs, comme l'expression de la vérité. Il est vrai que ces anatomistes n'ont pas compris toute l'importante des faits qu'ils nous ont transmis, parce qu'ils n'avaient pas un *criterium* propre à leur en faire apprécier la valeur. Mais à mesure que la science progresse, on doit, à la faveur des connaissances acquises, soumettre les faits consignés dans les livres à une nouvelle interprétation, et ne les repousser jamais qu'après avoir démontré leur stérilité, non pas par des assertions purement gratuites, mais par une argumentation sérieuse.

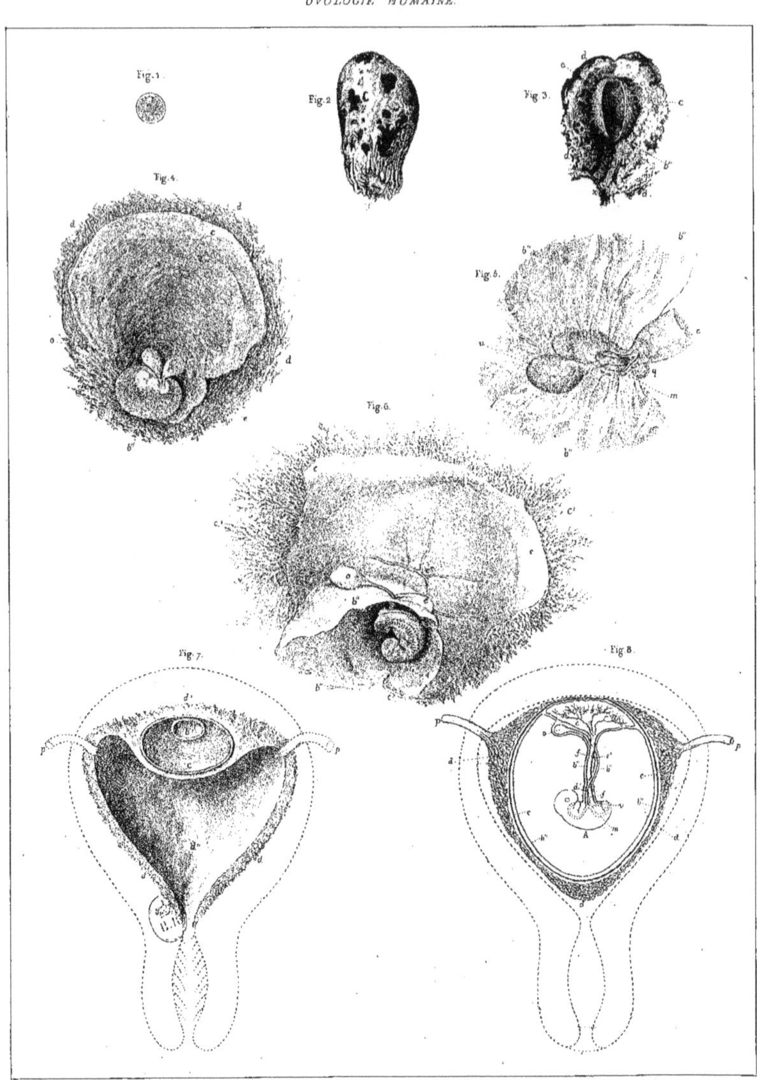

A. Chazal del. Imp. de Lemercier Paris

Paris, publié par A. Costes.

EXPLICATION DE LA PLANCHE III.

OVOLOGIE HUMAINE.

Figure 1. — OEuf dans l'ovaire, grossi, composé d'une enveloppe extérieure (vitelline), d'une masse granuleuse (vitellus), et d'une vésicule transparente, analogue à celle de Purkinje, dans les oiseaux.

Fig. 2. — OEuf âgé de seize à vingt jours environ. La membrane caduque (adventive) déprimée vers le point (x) qui correspondait à l'orifice utérin, est seule visible.

Fig. 3. — Même œuf, dont une incision faite dans le sens longitudinal a mis à découvert le chorion (vitelline) (c), offrant sur sa face externe des prolongemens villeux, et dans son intérieur une sorte d'ampoule sphérique (b'') qui n'est autre chose que l'amnios dans lequel est contenu l'embryon. La membrane caduque (adventive) recouvre de toutes parts le chorion.

Fig. 4. — Même œuf, en partie dépourvu de sa caduque (d) et de son chorion (c). Il est grossi quatre fois, et présente nettement, enveloppé de son amnios (b''), l'embryon, vers la partie postérieure, duquel se voit l'allantoïde (e), dont le sommet commence à s'appliquer sur le chorion (vitelline), et dont le pédicule est en communication avec le corps embryonnaire. A côté du pédicule de cette vésicule est situé celui de la vésicule ombilicale (o); tous deux pénètrent dans l'ouverture ombilicale et sont parfaitement isolés l'un de l'autre.

Nota. Sur la face interne du chorion (c), on aperçoit comme une matière plus ou moins ondulée. Cette substance, qui n'est autre chose que de l'albumen condensé, a été prise, par M. Velpeau, pour une allantoïde, et c'est à elle qu'il a donné le nom de *magma réticulé*.

Fig. 5. — Ici l'embryon est vu sous un plus fort grossissement (dix fois). L'amnios (b''), qui a été incisé, se rend évidemment dans tout le pourtour de l'ouverture ombilicale largement évasée, et laisse voir par transparence, au-dessous de lui, l'embryon dont on distingue facilement la tête (t) et la queue (q). La vésicule ombilicale (o) est en communication directe avec l'intestin (m), encore rectiligne à cette époque; et l'allantoïde (e) déprimée vers le point qui était en contact avec le chorion, et présentant, dans son intérieur, une sorte de couronne formée par des nuages de globules, se continue par ses côtés avec les parois abdominales futures, par sa partie postérieure qui est cachée, avec la symphyse du pubis, et sa partie moyenne qui regarde le pédicule de la vésicule ombilicale, s'enfonce dans le bassin pour communiquer, vers ce point, avec l'intestin.

Nota. Toutes ces figures sont originales et ont été dessinées d'après un œuf qui nous a été donné par M. Chazal lui-même, qui le tenait du docteur Moulins.

Fig. 6. — OEuf âgé d'un mois et quelques jours. L'embryon y est très bien caractérisé. On voit distinctement les bourgeons qui vont réaliser les membres, et dans tout le milieu de la courbe qu'il représente, les traces de la colonne vertébrale. La position qu'il a est tout-à-fait analogue à celle que prennent les autres mammifères en se développant. Mais ce qu'il offre surtout de remarquable, c'est le peu d'allongement du cordon ombilical; bien que caché en partie, on voit qu'il est très court, et qu'il résulte de l'entrecroisement des pédicules de la vésicule ombilicale (*o*) et de l'allantoïde (*e*) enroulés dans le sens de l'embryon. Celle-ci ne se distingue plus que très difficilement au voisinage du pédicule de la vésicule ombilicale, par un pédicule triangulaire, et dans tout le reste de l'œuf on ne la devine même que par la présence des vaisseaux allantoïdiens (*e*'') qui paraissent ramper sur la face interne du chorion (*c*). L'amnios (*b*''), déchiré pour laisser voir l'embryon, forme une gaîne autour du cordon ombilical; l'on peut même remarquer comment les pédicules de la vésicule ombilicale et de l'allantoïde pénètrent dans cette gaîne.—La lettre (*c*') sert à désigner les villosités choriales. (Fig. originale.)

Fig. 7.—Tirée de Hunter (Pl. 34, fig. 8), pour montrer comment, d'après lui, et l'on pourrait dire d'après tous les auteurs qui, après, ont traité cette spécialité (car ils n'ont guère que modifié l'opinion de Hunter) (*), la caduque serait en rapport avec l'utérus et surtout avec l'œuf. Cette figure est toute théorique. L'œuf y est représenté par deux ovales, l'un (*b*') étant l'amnios dans lequel est contenu le fœtus, et l'autre (*c*) le chorion. C'est par la dépression exercée sur la caduque, par l'œuf qui se développe, que va se former la *decidua reflexa* (caduque réfléchie). La caduque utérine (*d*), dont la cavité (*d*'') persiste jusqu'à ce que la *decidua reflexa* vienne à son contact, est en rapport avec la face interne de la matrice; (*d*') indique, d'après Hunter, une portion de cette membrane séparant l'œuf de l'utérus au point où le placenta doit s'insérer; (*p*) marque les trompes.

Fig. 8.—Coupe théorique par laquelle nous exprimons comment nous concevons la disposition de l'œuf. L'embryon (A) étant le point de départ, on voit, en (*m*) l'intestin indiqué par des points, étendu de la bouche à l'anus, et en communication avec le pédicule (*d*') de la vésicule ombilicale (*o*), vers l'extrémité anale de l'embryon, la vessie (*v*), presque en continuité avec la portion de l'intestin qui sera le rectum, se distingue par un léger renflement de la partie qui formera l'ouraque, laquelle, indiquée également par des points, se continue avec le pédicule (*f*) de l'allantoïde. Le placenta (*e*) laissant apercevoir les vaisseaux allantoïdiens, fait suite à ce pédicule et s'applique sur une portion de la face interne du chorion (vitelline) (*c*). L'amnios (*b*''), distinct jusqu'au pourtour ombilical dont il semble marquer la limite, remonte de chaque côté du cordon ombilical, tapisse la face fœtale du placenta, et se met en rapport avec la face interne du chorion (*c*) dans toute l'étendue de cette membrane. La caduque (adventive) (*d*) est exhalée au-dessus de toutes les parties, et commence à disparaître vers le point où se fait le placenta. Ses prolongemens tubaires dans les trompes (*p*) sont également figurés. (Fig. originale.)

(*) Voyez l'examen critique des diverses opinions émises par les auteurs, sur la caduque, p. 302.

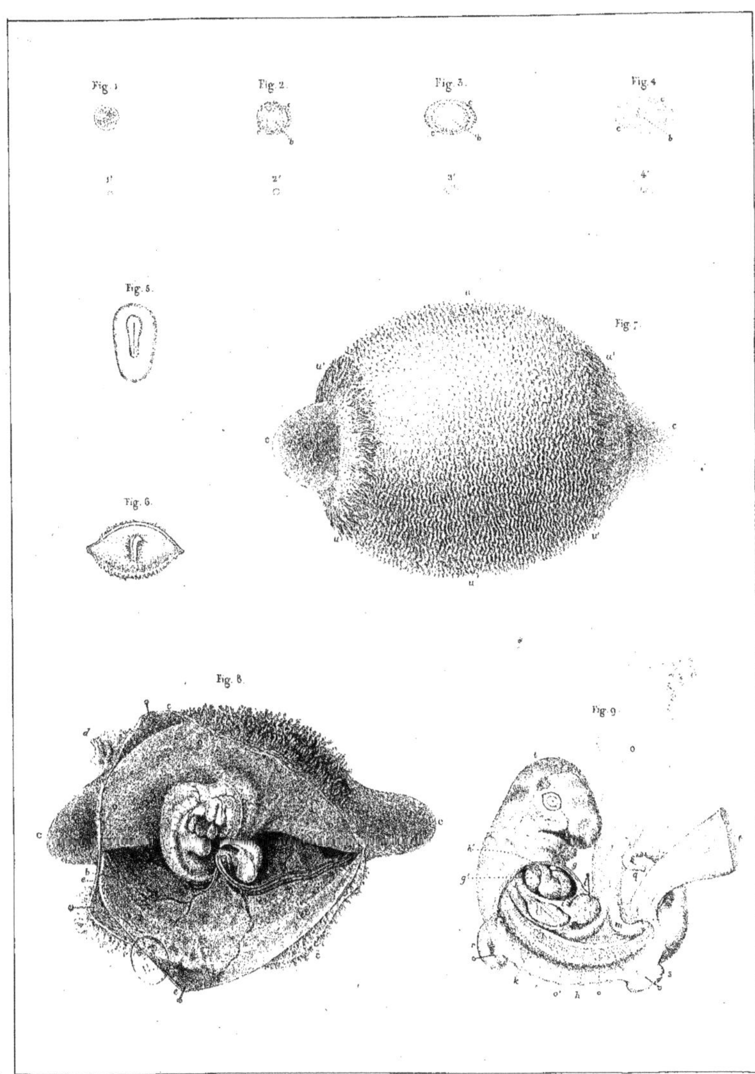

A. Chazal del.

Imp. de Lemercier Paris

Paris publié par A. Costes.

EXPLICATION DE LA PLANCHE IV.

OVOLOGIE DU CHIEN.

Figure. 1. — Œuf dans l'ovaire, grossi, composé d'une membrane externe (vitelline), d'une masse granuleuse (vitellus), et d'une vésicule analogue à celle de Purkinje.

Fig. 1'. — Même œuf de grandeur naturelle.

Fig. 2. — Œuf dans la matrice, grossi, composé de deux vésicules emboîtées, une externe (*c*) formée par la membrane vitelline, et l'autre interne (*b*), par la vésicule blastodermique.

Fig. 2'. — Même œuf de grandeur naturelle.

Fig. 3. — Œuf pris également dans l'utérus. Ses pôles ont commencé à s'allonger, mais cet allongement n'a rien changé à sa disposition intime, il est toujours composé d'une vésicule externe (*c*) vitelline, et d'une autre interne (*b*) blastodermique.

Fig. 3'. — Même œuf de grandeur naturelle.

Nota. Cet œuf, et celui de la figure 2, ont été pris dans la même matrice. Ils prouvent combien le chien offre d'irrégularité dans son développement. Ils ont à peu près huit jours en supposant qu'ils se soient développés immédiatement après la conception.

Fig. 4. — Sur celui-ci, on commence à apercevoir la tache embryonnaire (*b*), circulaire encore, la vésicule blastodermique est supposée confondue, comme elle l'est d'ordinaire, avec la membrane vitelline (*c*); les pôles de l'œuf se sont ici beaucoup plus allongés.

Fig. 4'. — Même œuf de grandeur naturelle.

Nota. Toutes ces figures sont originales.

Fig. 5. — Empruntée à MM. Prévost et Dumas, et représentant la tache embryonnaire au douzième jour. La ligne noire qui la partage indique la place que doit occuper la colonne vertébrale.

Fig. 6. — Empruntée à Baer pour montrer la succession des phénomènes jusqu'au vingtième jour. Au milieu de l'œuf sur lequel se distinguent deux vésicules, l'une externe (vitelline) rendue irrégulière par la présence au-dessus d'elle de la membrane adventive, et l'autre interne (vésicule ombilicale), se présente l'embryon divisé de même que le précédent par un trait noir qui sera la colonne vertébrale, mais de plus, offrant dans toute sa circonférence une foule de traits qui représentent *l'area vasculosa*, ou le système sanguin primitif, du fœtus.

Nota. Cette figure est très mal exécutée.

Fig. 7. — Œuf ayant vingt-quatre jours de développement : il est grossi quatre fois. Une zone placentaire (*u*), limitée de chaque côté par une sorte d'anneau (*u'*) formé de villosités plus longues, l'enveloppe et occupe une grande partie de son étendue. La membrane vitelline (chorion) (*c*), au-dessous de laquelle est une portion de la vésicule ombilicale, forme les pôles de cet œuf.

Fig. 8. — Même œuf incisé de manière à laisser voir l'embryon (même grossissement). La vésicule ombilicale (*o*), étendue dans le sens de l'axe longitudinal de l'œuf, le coiffe en partie. L'allantoïde (*e*), dans laquelle rampent les vaisseaux allantoïdiens (*e*''), communique par un pédicule très fort avec le fœtus, à peu de distance de l'anus. Peu après sa naissance, cette vésicule s'étale et se dispose de manière à embrasser l'embryon et la vésicule ombilicale. On voit sur cette figure comment l'allantoïde contourne ces parties, de sorte que, si par la pensée on ramenait le lambeau inférieur de cette allantoïde vers la partie supérieure de l'œuf, on aurait l'embryon et la vésicule ombilicale enveloppés par elle. La lettre (*c*) indique le chorion dont la face externe est hérissée de villosités, mais seulement dans toute l'étendue qu'occupe le placenta circulaire de cette espèce. Les pôles sont transparens.

Fig. 9. — L'embryon retiré de l'œuf précédent est disposé de manière à laisser voir un reste de communication du pédicule de la vésicule ombilicale (*o*), avec l'intestin (*m*); le pédicule de l'allantoïde (*e*), en continuité avec la symphyse du pubis, les parois iliaques et abdominales; le foie (*l*) à son origine; le poumon (*k*); le cœur placé entre son oreillette de droite (*g*'), et celle de gauche (*g*), et donnent naissance à la crosse de l'aorte (*h*'); l'aorte elle-même (*h*) placée au-dessous de l'intestin et entre les corps d'Oken (*o*), le tube externe de ces corps d'Oken (*o*') apparaît sur celui de droite. La lettre (*r*) marque le bourgeon du membre supérieur, et (*s*) celui du membre inférieur.

Nota. On voit sur le poumon (*k*) de ce fœtus, que les branches sont constituées par de véritables culs-de-sac très légèrement renflés à leur extrémité, ce qui prouve bien que l'appareil respiratoire, dans les mammifères, n'est point parcouru par des canaux labyrinthiformes, comme beaucoup d'auteurs l'admettent encore. Ainsi donc, l'embryogénie vient confirmer d'une manière manifeste l'opinion émise, depuis long-temps, par Reissessen, et les figures qu'il a données du poumon adulte sont bien l'expression suffisante de ce qui a lieu dans la nature.

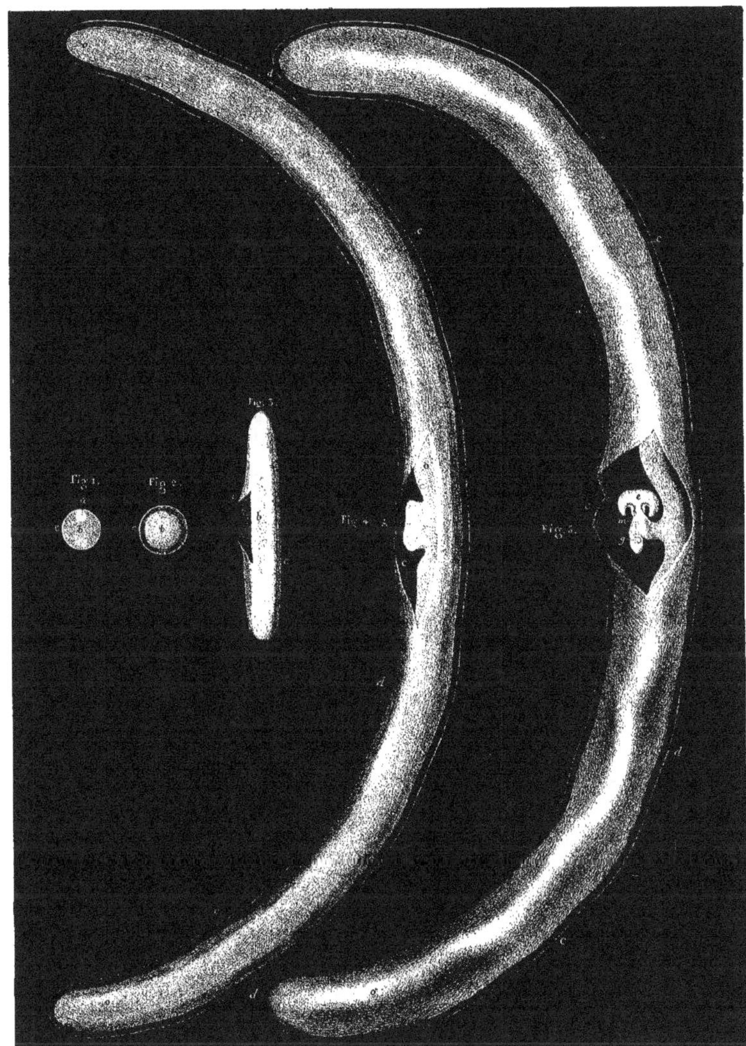

A. Chazal del.

lith. de Lemercier Paris

Paris publié par A. Coste.

EXPLICATION DE LA PLANCHE V.

OVOLOGIE DE LA BREBIS.

(*Ovis aries Gallica.*)

Figure 1. — Œuf dans l'ovaire, composé d'une membrane externe (*c*) (vitelline), d'une masse granuleuse (*b*) vitellus, et d'une petite vésicule (*a*) analogue à celle de Purkinje, dans les oiseaux.

Fig. 2. — Œuf après la conception, offrant deux vésicules, une externe (*c*) vitelline, l'autre interne (*b*) blastodermique.

Fig. 3. — Œuf, huit jours après l'accouplement. Il s'est allongé dans le sens des cornes de l'utérus, mais rien n'est changé dans sa composition intime, et il offre toujours une membrane externe (*c*) vitelline, et une vésicule interne (*b*) blastodermique.

Fig. 4. — Œuf beaucoup plus développé (16 jours). La tache embryonnaire (A), ayant la forme d'un corps de guitare, est très manifeste; un large pédicule, qui deviendra le pédicule de la vésicule ombilicale (*o*), la sépare de celle-ci qui, elle, s'étend dans dans toute la longueur de la cavité formée par la membrane vitelline (chorion) (*c*). Une membrane adventive (caduque) (*d*) est exhalée sur toute la face externe de l'œuf.

Nota. Dans les figures 2, 3, 4, les membranes que l'on distingue ne sont pas autant isolées dans l'état de nature. On a un peu exagéré leur séparation, afin de les rendre plus intelligibles.

Fig. 5. — Œuf de 16 jours et 15 heures. L'embryon est bien caractérisé, et l'on aperçoit, vers son extrémité céphalique, le point où sera le cœur (*g*) (*punctum saliens*). L'allantoïde (*e*) commence à naître, et son plus grand axe est disposé dans le sens du plus étroit diamètre de l'œuf. Cette vésicule, qui est en rapport avec les parois de l'abdomen, est évidemment ici en continuité avec la vésicule ombilicale (*o*), et par conséquent aussi avec l'intestin (*m*). Cette dernière vésicule (*o*), déjà considérablement rétrécie dans la cavité de la membrane vitelline (*c*), communique par un pédicule, assez large encore, avec ce que nous venons de voir être l'intestin futur (*m*). La membrane adventive (*d*) se voit également ici sur toute la circonférence de l'œuf.

Nota. Ces figures sont considérablement grossies; toutes sont originales.

A. Chazal del. Lith. de Lemercier Paris.

Paris publié par A. Coste.

EXPLICATION DE LA PLANCHE VI.

OVOLOGIE DE LA BREBIS.

(Ovis aries Gallica.)

Figure 1. — Embryon vu de face, retiré de ses membranes, ayant sept heures à peu près de plus que celui de la pl. v (fig. 5), et faisant le passage à la fig. 2 de cette planche (vi); son allantoïde (*e*) qui s'est allongée était encore placée selon le diamètre transversal de l'œuf : elle n'est, à cette époque, parcourue que par des vaisseaux blancs; on la voit se continuer avec les parois pubiennes et latérales de l'abdomen; l'intestin (*m*), qui se porte au-dessous du capuchon céphalique sur lequel l'on remarque le cœur (*g*) et sous le capuchon caudal, commence à s'allonger et est encore en communication avec la vésicule ombilicale par un large pédicule (*o*).

Fig. 2. — OEuf âgé de dix-huit jours. L'embryon, vu par sa face postérieure, a subi un changement de position ;'il s'est recourbé sur lui-même, et dans cette évolution la direction de l'allantoïde (*e*) a changé; cette vésicule, auparavant placée dans le sens transversal de l'œuf et de l'embryon, commence à s'engager, selon l'axe longitudinal de l'œuf : des vaisseaux rouges la parcourent à cette époque. La vésicule ombilicale (*o*) a diminuée sensiblement, elle s'étend toujours jusqu'à l'extrémité des cornes, mais elle ne remplit plus en entier la cavité de la membrane vitelline (*c*) comme elle le faisait primitivement : une légère couche adventive (*d*) recouvre celle-ci.

Fig. 2'. — Embryon de la figure précédente retiré de l'œuf et vu de face. Il n'existe plus qu'une portion de l'allantoïde (*e*), le reste a été coupé; les deux branches principales des vaisseaux allantoïdiens se rendent sur la ligne médiane, à la symphyse du pubis avec laquelle cette vésicule se continue, etc.; l'intestin (*m*) est ici plus allongé que dans la figure 1 (pl. vi), il communique toujours avec le pédicule (*o*) fort grand encore, de la vésicule ombilicale. Les lettres (*y*) indiquent l'ouverture ombilicale, largement évasée, (*s*) les corps d'Oken au milieu desquels est placé l'intestin, et (*g*) le cœur.

Nota. Toutes ces parties sont également visibles sur l'embryon, fig. 1.

Fig. 3. — OEuf âgé de vingt jours. L'allantoïde (*e*), qui actuellement est dirigée dans le sens de l'axe longitudinal de l'œuf, tend en se développant de plus en plus à remplir toute la cavité de la membrane vitelline (*c*); ici son progrès est facile à constater, les vaisseaux allantoïdiens s'irradient dans toute sa surface, et son pédicule, qui est presque en contact avec celui de la vésicule ombilicale (*o*), toujours en continuité avec les parois abdominales inférieures, s'enfonce évidemment par sa face qui est en regard du pédicule de la vésicule ombilicale, dans la cavité pelvienne; l'intestin (*m*), presque déjà complet, n'est plus en communication avec la vésicule ombilicale que par un étroit pédicule ; l'ouverture ombilicale est beaucoup moins large que dans les figures précédentes : (*g*) indique le cœur, et (*d*) la membrane adventive.

Nota. Comme les précédentes, ces figures, toutes originales, sont considérablement grossies.

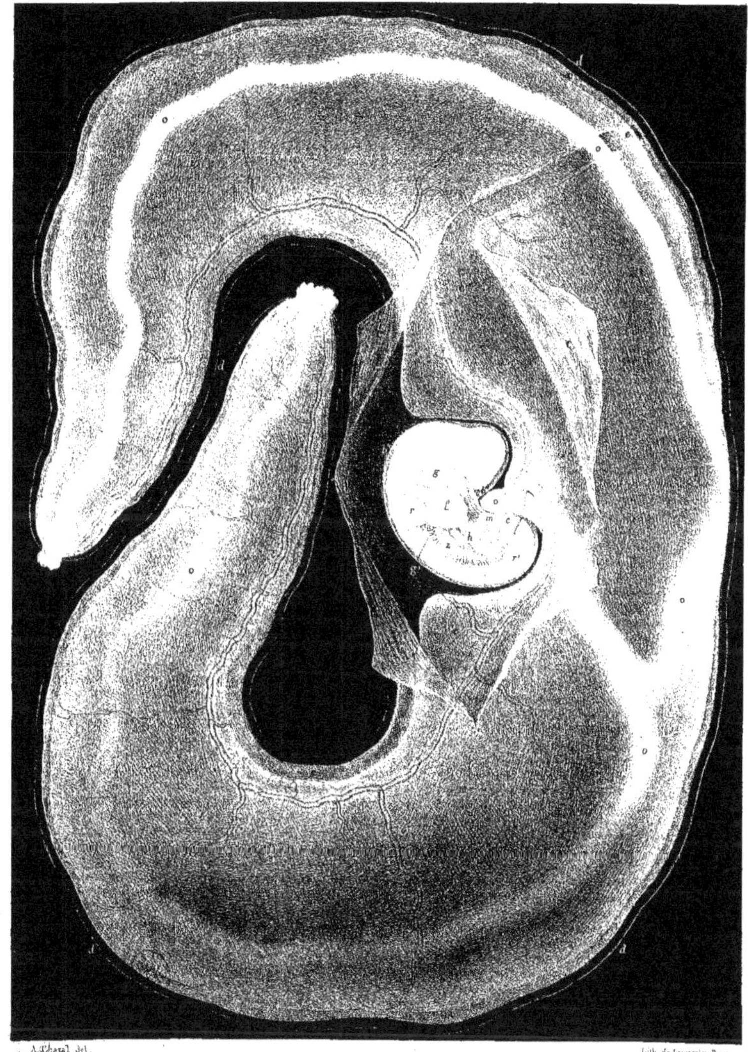

A. Chazal del. Lith. de Lemercier, Paris

Paris, publié par A. Coste.

EXPLICATION DE LA PLANCHE VII.

OVOLOGIE DE LA BREBIS.

(*Ovis aries Gallica.*)

Dans cet œuf, grossi quatre fois et âgé de 24 jours, l'allantoïde (*e*) a déjà envahi toute la cavité formée par la membrane vitelline (*c*), et tend à se confondre par adhérence avec cette membrane. La partie de cette vésicule, restée libre vers le point qu'occupe l'embryon, va de plus en plus se réfléchir sur celui-ci et l'envelopper complètement; on voit que dans le mouvement exécuté de droite à gauche par le fœtus, les pédicules de l'allantoïde (*e*) et de la vésicule ombilicale (*o*), ont subi une torsion spirale de laquelle résulte le croisement de ces deux pédicules, et plus tard, la réalisation du cordon ombilical. Celui de la vésicule ombilicale (*o*) est en rapport avec l'intestin (*m*) déjà assez développé pour former une anse; celui de l'allantoïde porte les vaisseaux allantoïdiens et se continue avec les parois abdominales. A cet âge, l'ouverture ombilicale est excessivement réduite; on pourrait même la considérer comme n'existant plus. L'amnios (*b*'') se montre à peine soulevé de toute la surface de l'embryon, et sur celui-ci on peut voir par transparence le cœur (*g*), l'aorte (*g*'), la veine allantoïdienne droite (ombilicale) (*h*), le foie (*l*), le corps d'Oken droit (*z*), et les bourgeons qui représentent les membres antérieur (*r*) et postérieur (*r*'), du même côté : la membrane adventive (*d*) est à cette époque presque entièrement résorbée.

Nota. Cette figure, et celles des planches V et VI, traduisent des phénomènes successifs dans le développement de la brebis, et expriment toutes les modifications essentielles par lesquelles passe l'œuf de cette espèce.

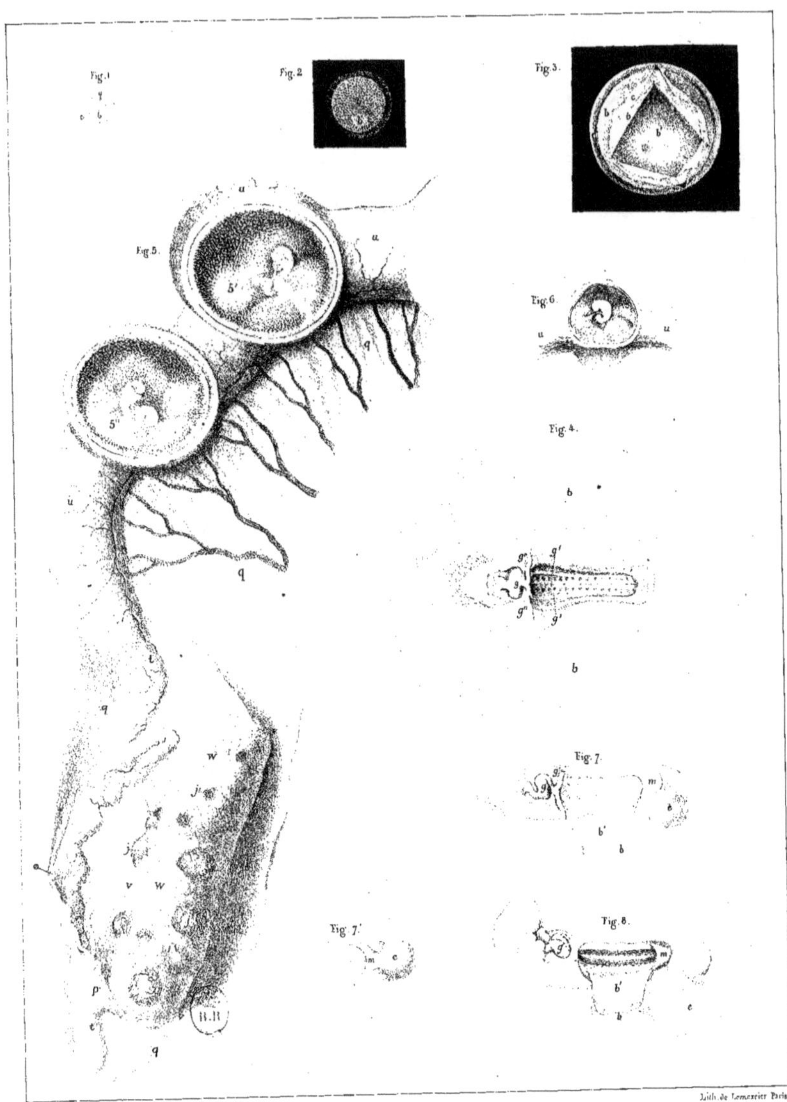

A. Chazal del.

Lith. de Lemercier Paris.

Paris, Publié par A. Coste.

EXPLICATION DE LA PLANCHE VIII.

OVOLOGIE DU LAPIN.

(*Lepus cuniculus.*)

Figure 1. — Œuf dans l'ovaire; (*a*) analogue de la vésicule de Purkinje, dans les oiseaux; (*b*) vitellus; (*c*) membrane vitelline.

Fig. 2. — Œuf pris dans l'utérus, composé d'une membrane externe (*c*) (vitelline), d'une vésicule interne (*b*) (blastodermique), sur un point de laquelle on voit le premier groupement des globules (*b'*) qui constituent la tache embryonnaire.

Fig. 3. — Œuf dans lequel la tache embryonnaire (*b'*) s'est allongée et a pris la forme d'un corps de guitare. Cette tache est vue de face et présente un large évasement dont tout le pourtour se continue avec la portion de la vésicule blastodermique qui va devenir vésicule ombilicale. Sur la coupe qu'on a faite à cet œuf, on distingue très bien la membrane de cette vésicule (*b*), de celle de la vitelline (*c*).

Fig. 4. — Embryon retiré de l'œuf et vu de face. La portion de vésicule blastodermique (*b*) (actuellement vésicule ombilicale), au centre de laquelle se trouve l'embryon, porte le système sanguin transitoire (*g''*), constitué par deux courans qui vont se rencontrer vers un point déterminé du foyer céphalique de l'ellipse embryonnaire, pour constituer le cœur (*g*) encore droit à cette époque et formé d'un canal unique. L'aorte descendante (*g'*), composée alors de deux courans qui se réuniront plus tard en un seul, est située de chaque côté de la colonne vertébrale dont les rudimens apparaissent au-dessous de la couche blastodermique qui va former l'intestin. Celui-ci est, à cette époque, à peine sensible vers l'extrémité caudale.

Fig. 5. — Portion d'utérus imprégné, à laquelle sont attenans la trompe (*t*), l'ovaire (*vw*), et le ligament large (*q*). Les embryons qu'il renferme, encore enveloppés de la portion de leurs membranes qui n'a point été incisée, sont couchés au milieu des circonvolutions tuméfiées, le dos tourné vers la ligne mésentérique. La position de ces deux embryons n'est pas la même : l'un (5'), déjà un peu courbé en arc de cercle, a sa tête tournée du côté du vagin, et sa queue vers l'ovaire; tandis que l'autre (5''), primitivement placé parallèlement à l'axe longitudinal de l'utérus, la tête du côté de l'ovaire et la queue vers le vagin, a subi une demi-évolution par laquelle la tête a été ramenée du côté du vagin, la queue étant maintenue fixe au point où elle correspondait par l'allantoïde qui commence à se développer et à se déjeter sur le côté droit de l'embryon.

La trompe (*t*) en continuité avec la cavité propre de l'utérus, se termine par un pavillon (*p*) fort large qui embrasse une des extrémités de l'ovaire (*vw*) sur lequel on voit des petites saillies qui indiquent (*j'*) les vésicules de Graaf, et (*j*) les corps jaunes nouvellement formés.

La trompe et l'ovaire sont mis en rapport l'un et l'autre au moyen du ligament large (repli péritonéal) (*q*) dans lequel rampent les nombreux vaisseaux qui se rendent soit à la trompe, soit à l'ovaire, soit à l'utérus. Dans ce dernier, ils se distribuent d'une manière régulière, et forment une sorte de ligne que nous avons appelée *ligne mésentérique de la matrice.*

Nota. Les embryons de cette portion d'utérus sont âgés de huit jours et quelques heures. Cette figure et les précédentes ont été grossies.

Fig. 6. — Autre portion d'utérus imprégnée. L'embryon a neuf jours et douze heures; la courbe qu'il décrit est complète, et par l'effet de ce recourbement, l'extrémité céphalique a été ramenée vers l'extrémité caudale.

Fig. 7. — Embryon âgé de huit jours et quinze heures, présenté de face, de manière à voir l'allantoïde (*e*) qui commence à naître, déjetée sur le côté droit, et en communication avec ce qui deviendra la symphyse du pubis : l'intestin (*m*), en voie de formation, se continue avec le feuillet interne (*b'*) du pédicule de la vésicule ombilicale, le feuillet externe (*b*) du même pédicule se continuant avec la peau. Les deux courans aortiques (*g'*) se réunissent au cœur (*g*) qui commence à se couder de gauche à droite. Au centre de l'ouverture ombilicale, très large à cette époque, on voit les rudimens de la colonne vertébrale.

Fig. 7'. — Extrémité caudale d'un embryon du même âge, pour montrer plus distinctement encore la communication de l'allantoïde (*e*) avec l'intestin, et sa continuité avec les parois iliaques. Les lettres (*b* et *b'*) sont affectées aux mêmes objets.

Fig. 8. — Embryon âgé de dix jours. L'allantoïde (*e*), beaucoup plus développée, a commencé à se déformer par l'effet de son contact avec l'utérus. Sa communication avec l'intestin (*m*) et les parois abdominales inférieures, est toujours très apparente. Le cœur est ici entièrement coudé.

Nota. Ces trois dernières figures, 7, 7' et 8, ont été grossies; en outre, toutes, depuis la première jusqu'à la dernière, traduisent des phénomènes consécutifs.

KANGUROO.

Pl. 2

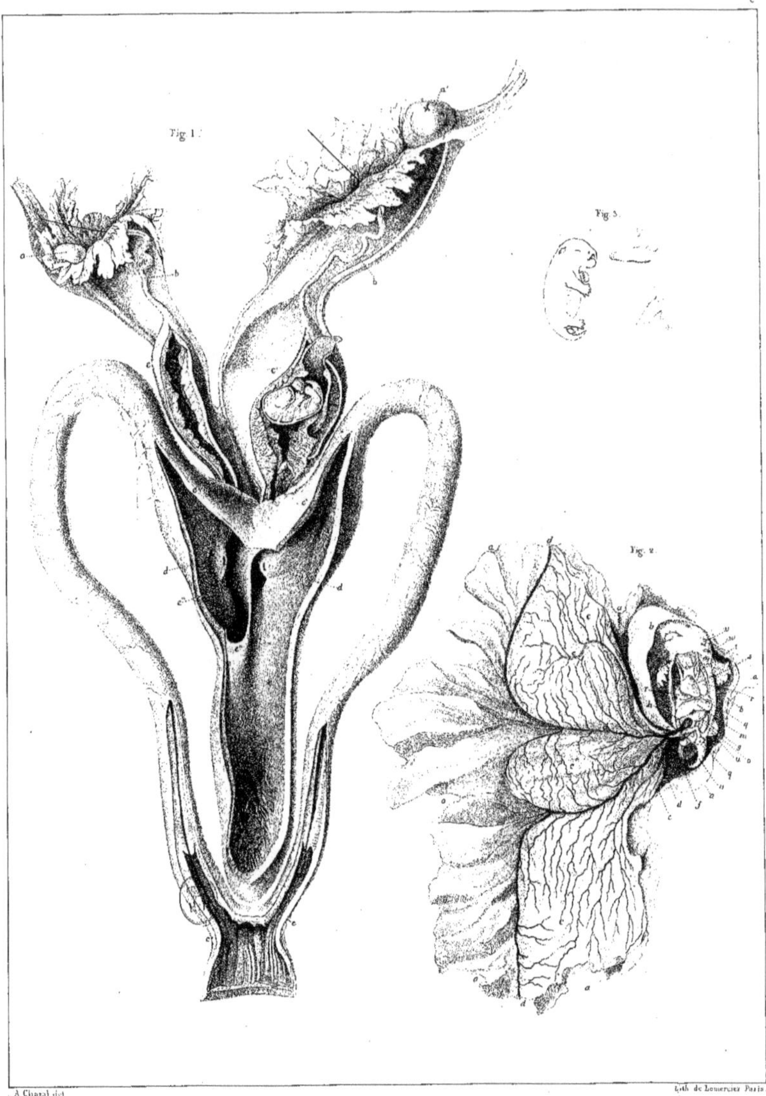

A. Chazal del.

Lith. de Lemercier Paris.

EXPLICATION DE LA PLANCHE IX.

OVOLOGIE DU KANGUROO.

(*Macropus major.*)

FIGURE 1. — Parties génitales femelles montrant les ovaires (*aa'*) placés au-dessus des pavillons. Les trompes (*b*) dont les soies indiquent les ouvertures dans les pavillons, sont tortillées et conduisent dans les tubes utérins (*cc'*). Celui de gauche (*c'*) renferme un embryon suspendu par son cordon ombilical et contenu en partie dans ses membranes déchirées.

Les lettres (*ee' e''*) indiquent l'appareil vaginal. (Cette partie, manquant au sujet auquel appartenaient les organes ci-dessus décrits, a été empruntée à un autre sujet dans lequel le septum imparfait (*c''*) du cul-de-sac médian ne s'étendait pas jusqu'à la portion la plus reculée de cette cavité, comme cela a ordinairement lieu chez tous les kanguroos). La membrane celluleuse qui lie le cul-de-sac vaginal au canal urètro sexuel, a été enlevée; (*dd'*) désignent les museaux de tanche.

FIG. 2. — Fœtus de kanguroo et ses membranes, le double de leur grandeur naturelle; (*a*) membrane extérieure de l'œuf ou vitelline (chorion des auteurs) déchirée; (*b*) amnios; (*c*) vésicule ombilicale incomplète dans laquelle rampent les veines (*d*) et les artères (*e*) omphalo-mésentériques. Les autres lettres indiquent: (*f*) pédicule de la vésicule ombicale; (*g*) l'estomac; (*h*) le duodénum; (*m*) le foie; (*o*) les testicules (corps d'Oken); (*p*) la queue; (*q*) le diaphragme; (*rr*) les poumons; (*s*) le cœur; (*t*) les deux veines caves supérieures (l'artère pulmonaire et l'aorte ont la même position relative que dans l'adulte); (*u*) le rudiment des extrémités postérieures; (*v*) le trou auditif externe; (*w*) l'ouverture des branchies.

Nota. Selon nous, ces prétendues branchies ne sont autre chose qu'une déchirure du cou de l'embryon ou une pure illusion.

FIG. 3. — Fœtus de kanguroo de grandeur naturelle, douze heures après sa naissance utérine. L'allongement des mâchoires a réduit la bouche en un simple orifice qui se contracte de plus en plus avant que les fissures latérales aient commencé à s'étendre en arrière. L'œil est caché par les paupières qui sont complètement fermées. Ce fœtus est placé en face du mamelon auquel il doit s'attacher.

Nota. Toutes ces figures et leur explication sont tirées du Mémoire de R. Owen. (*Transac.*, *phil.*, *année* 1834.)

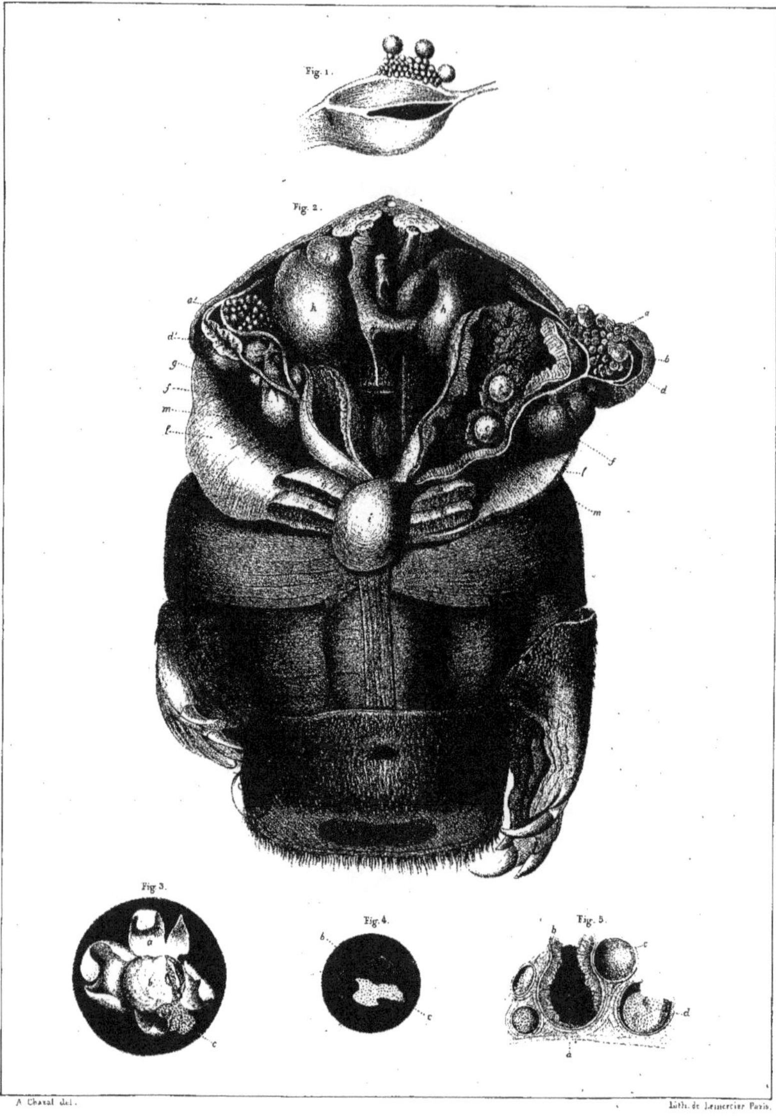

A. Chazal del.

Lith. de Lemercier Paris.

EXPLICATION DE LA PLANCHE X.

OVOLOGIE DE L'ORNITHORHYNQUE.

(*Ornithorhynchus paradoxus.*)

FIGURE 1. — Ovaire et pavillon de la trompe. Trois œufs sont fécondés, et les vésicules de Graaf qui les renferment saillent pardessus les autres.

Nota. Le volume de ces œufs, la structure de l'ovaire qui en contient une foule d'autres plus petits, et la disposition du pavillon, indiquent un mammifère qui fait le passage aux oiseaux par ses parties génitales internes, ce que montre encore mieux la figure suivante.

FIG. 2. — Bassin et parties environnantes d'un ornithorhynque femelle. Les organes génitaux et urinaires sont dans leurs rapports respectifs; l'utérus gauche contient deux œufs (*cc*); sur l'ovaire correspondant (*a*) l'on voit les deux corps jaunes (*b*) qui indiquent les vésicules de Graaf d'où ces œufs sont tombés; l'ovaire droit (*a'*) n'offre rien de particulier; les pavillons (*dd'*), placés en dehors des ovaires, présentent une fente très grande; et comme chez les oiseaux, dont la disposition est à peu près analogue, ils sont dirigés un peu obliquement selon l'axe longitudinal de l'animal. Après les pavillons viennent les nombreuses circonvolutions (*ff*) (très confusément reproduites sur cette figure) des utérus (*e*) : celui de gauche ouvert et étalé pour laisser voir les œufs qu'il renfermait, et les dépressions de la membrane vasculaire interne dans laquelle ces œufs étaient logés, montre des parois considérablement épaissies. Sur celui de droite, également incisé, l'on distingue le ligament suspenseur (*g*), qui va se fixer dans la cavité abdominale à côté des reins (*hh*). Les autres lettres sont affectées (*h'h'*) aux capsules surrenales; (*i*) à la vessie urinaire renversée; (*k*) au rectum; (*l*) au muscle oblique externe; (*m*) à l'oblique interne; (*u*) aux droits abdominaux; (*o*) aux pyramidaux; (*p*) au trajet du cloaque (la lettre est placée sur le muscle rétracteur).

FIG. 3. — Œuf grossi trois fois, et laissant voir la membrane adventive (*a*) déchirée et étalée; la membrane vitelline (*b*) rompue et de laquelle s'échappent les globules du vitellus et un lambeau de la membrane blastodermique (*c*).

FIG. 4. — Lambeau de la membrane vitelline (*b*) grossie, à la face interne de laquelle adhère une portion de la membrane blastodermique (*c*).

FIG. 5. — Coupe d'une portion d'ovaire grossi, sur lequel la fécondation a eu lieu; (*a*) marque une vésicule de Graaf qui a livré passage à l'œuf, et dont les parois tuméfiées pour réaliser un corps jaune, rétrécissent la cavité de cette vésicule; (*b*) indique l'ouverture par laquelle l'œuf s'est échappé; (*c*) est affecté à une vésicule de Graaf de laquelle l'œuf a été retiré; et (*d*) à une autre vésicule déchirée renfermant une couche de substance granuleuse coagulée; une autre vésicule plus petite, située au côté opposé, est remplie de cette même substance.

Nota. Toutes ces figures sont tirées du Mémoire de R. Owen. (*Trans. phil.*, 19 *juin* 1834.)

www.ingramcontent.com/pod-product-compliance
Lightning Source LLC
LaVergne TN
LVHW021716230826
846091LV00006BA/2193

9782013069939